AF315860

LES LABORATOIRES

DE

Recherche Scientifique

dans l'Industrie

PAR

M. Henry LE CHATELIER

Professeur à la Sorbonne, Membre de l'Institut de France

Membre d'Honneur de l'A. I. Lg.

Extrait de la *Revue Universelle des Mines*, 6ᵐᵉ Série, tome V, nᵒ 5
1ᵉʳ juin 1920.
Annuaire de l'Association des Ingénieurs sortis de l'École de Liége.
A. I. Lg.

LIÉGE
IMPRIMERIE H. VAILLANT-CARMANNE
4, PLACE ST-MICHEL, 4

1920

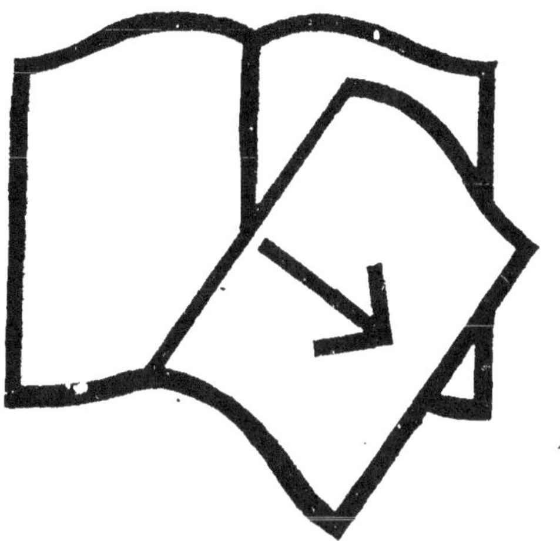

Couverture inférieure manquante

LES LABORATOIRES

DE

Recherche Scientifique

dans l'Industrie

PAR

M. Henry LE CHATELIER

Professeur à la Sorbonne, Membre de l'Institut de France

Membre d'Honneur de l'A. I. Lg.

Extrait de la *Revue Universelle des Mines*, 6me Série, tome V, n° 5
1er juin 1920.
Annuaire de l'Association des Ingénieurs sortis de l'École de Liége.
A. I. Lg.

LIÉGE
IMPRIMERIE H. VAILLANT-CARMANNE
4, Place St-Michel, 4

1920

669.921.

LES LABORATOIRES DE RECHERCHE SCIENTIFIQUE DANS L'INDUSTRIE ([1])

PAR

M. Henry LE CHATELIER

Professeur à la Sorbonne, Membre de l'Institut de France
Membre d'Honneur de l'A. I. Lg.

INTRODUCTION

Du rôle de la Science. — La nécessité d'une collaboration incessante de la Science avec l'Industrie est aujourd'hui généralement reconnue. Les luttes économiques d'avant-guerre, les combats si durs des champs de bataille, nous ont ouvert les yeux à tel point, que les personnes les moins familières avec l'industrie, M. Maurice Barrès par exemple, sont maintenant les plus ardentes à proclamer cette action bienfaisante de la Science. Mais ce n'est pas tout de vouloir, encore faut-il savoir. Trop souvent nos industriels ne connaissent la science que par ouï-dire, ils en ignorent la nature exacte et plus encore le mode d'emploi. Je me propose d'étudier ici le mécanisme par lequel la Science peut être mise à la disposition de la technique, autrement dit le fonctionnement des laboratoires de recherches scientifiques dans l'industrie. Je prends ici le mot laboratoire dans son acception la plus large pour désigner tout organisme servant à mettre en œuvre la Science.

([1]) Conférence faite à l'Association des élèves des Ecoles spéciales de l'Université de Liége.

Laboratoires de contrôle. — Tout d'abord il y a lieu d'établir une distinction fondamentale entre deux catégories de laboratoires : ceux de *contrôle* et ceux de *recherches*. Les derniers seuls font l'objet de cette étude, mais pour mieux définir leur terrain d'action je commencerai par délimiter celui des laboratoires de contrôle.

Dans toute industrie, pour trouver des débouchés rémunérateurs les produits fabriqués doivent satisfaire à certaines conditions, imposées les unes par des cahiers des charges rigoureux, les autres par de simples usages commerciaux. Prenons un exemple, celui du ciment artificiel Portland. D'après les cahiers des charges des Ponts et Chaussées, il doit satisfaire aux conditions suivantes :

Résistance à 7 jours en mortier plastique, supérieure à 8 kgs.

Durée de prise à partir du gâchage, supérieure à 1 heure.

Gonflement à l'eau bouillante, inférieur à 1 %.

Au laboratoire de contrôle de l'usine appartient le soin de vérifier, avant toute livraison, que la marchandise satisfait bien aux conditions demandées.

Comme conséquence directe de cette obligation, le laboratoire de contrôle est appelé à remplir une seconde fonction non moins importante. Le plus souvent, les qualités exigées sont des résultantes complexes de propriétés élémentaires, plus simples et plus faciles à atteindre, sur lesquelles le fabricant doit agir pour obtenir les résultats demandés.

Ainsi, la résistance d'un ciment dépend de sa composition chimique, de la température de cuisson et de la finesse de mouture, trois facteurs que nous pouvons modifier à notre convenance. Pour régler la fabrication, il est donc indispensable de procéder à des analyses chimiques, à des essais de tamisage, etc. Ces essais de fabrication, sans intérêt pour le consommateur, sont de première nécessité pour le producteur. Leur réalisation constitue la fonction la plus importante des laboratoires de contrôle, et aussi la plus absorbante, car pour assurer la régularité de la fabrication ils doivent être répétés à de faibles intervalles de temps.

Ce n'est pas tout ; avant de contrôler les conditions de la fabrication, il faut commencer par s'assurer de la qualité des

2

matières premières mises en œuvre, c'est-à-dire, dans le cas du ciment, de la proportion d'argile contenue dans les pâtes, et de la nature des charbons servant à la cuisson.

Ces trois catégories d'essais de *réception*, de *fabrication* et de *contrôle* final sont l'objet essentiel et même exclusif de l'activité des laboratoires de contrôle dans les usines. En voici le résumé pour une usine à ciment :

Essais de réception :

> Teneur en argile des marnes.
> Proportion de cendres et de matières volatiles
> des combustibles.

Essais de fabrication :

> Teneur en argile des pâtes.
> Température des fours.
> Essais de tamisage.
> Essai de gonflement à 100° sur pâte demi-sèche.

Essai de contrôle final :

> Résistance en mortier plastique à 7 jours.
> Durée de prise sur pâte pure.
> Gonflement à 100° au moule à aiguille.

La réalisation de ces essais est très simple ; leur technique a été rigoureusement définie par les cahiers des charges. Il n'y a donc rien à innover ; il suffit d'appliquer certaines règles standards. Aussi, peut-on en confier l'exécution à de simples opérateurs, à des manœuvres dépourvus de toute instruction, auxquels il suffit de demander un peu de soin et beaucoup d'honnêteté. Dans les usines de médiocre importance on charge de ces essais des gamins, des filles d'ouvriers. Parfois même se contente-t-on d'utiliser le concours intermittent de l'institutrice du village, comme cela s'est fait pendant longtemps dans une importante usine à ciment de l'Yonne. Une organisation aussi rudimentaire n'est viable, cependant, qu'avec un ingénieur, un chef de fabrication assez au courant des travaux de laboratoire pour mettre en train le service des essais et vérifier de temps en temps la régularité de son fonctionnement.

De toute façon ces laboratoires de contrôle sont peu onéreux ; ils rendent d'autre part des services tangibles et immédiats ; aussi leur usage est-il très général. Là où ils n'existent pas, la raison de leur absence ne doit pas être cherchée dans des difficultés d'organisation, mais uniquement dans l'ignorance et la négligence des intéressés. Un trop grand nombre de petits mercantis font de l'industrie sans être à hauteur de leur tâche, se contentant de gagner beaucoup d'argent en vendant de la camelotte.

Difficultés de la recherche. — Les laboratoires de recherches ont un objet différent ; ils tendent à perfectionner l'industrie en mettant à sa disposition toutes les ressources de la science. S'il semble bien y avoir aujourd'hui un accord unanime sur la nécessité de la collaboration de la science à l'industrie, on n'en constate pas moins un certain flottement quand il s'agit de passer de la théorie à la pratique.

Beaucoup d'industriels jugent les laboratoires de recherches trop coûteux et les considèrent comme un luxe permis seulement aux affaires exceptionnellement prospères.

En fait, nous ne possédons pas en France plus d'une douzaine de laboratoires convenablement organisés et méritant une citation. Pour les mines, le laboratoire du Comité des Houillères occupe une place à part par son développement exceptionnel et par les services qu'il a rendus au pays. Dans la métallurgie, nous avons les laboratoires de Montluçon, du Creusot, de de Dion et Bouton ; dans l'industrie des produits chimiques, ceux de St-Gobain, d'Alais et la Camargue, de MM. Lumière, de MM. Michelin ; dans l'industrie des ciments, ceux de Boulogne-sur-Mer et du Teil, etc. Et encore s'en faut-il que l'on tire de ces laboratoires tout le parti possible.

Dans l'industrie française, cependant, il y aurait place pour une centaine de laboratoires semblables et même plus. Quelles raisons se sont opposées jusqu'ici à leur développement, que faire pour en faciliter l'éclosion? La discussion de ces deux points fera l'objet essentiel de cette conférence.

J'invoquerai de préférence des exemples empruntés à l'industrie française parce qu'ils me sont plus familiers, mais j'ai

4

quelque raison de penser que les conclusions formulées sont également valables pour l'industrie belge.

Division du travail scientifique. — Une première lacune très grave tient à la mauvaise organisation du personnel scientifique des usines. Trop fidèle à des errements séculaires, on n'a pas encore introduit dans les laboratoires, comme cela se fait depuis longtemps dans les ateliers de fabrication, la division systématique du travail.

Autrefois l'industrie était exercée par de petits artisans, patrons et ouvriers, faisant tous le même travail, et un travail extrêmement varié. Le patron était seulement un ouvrier chef, chargé du commandement, soit en raison de sa richesse plus grande lui permettant de posséder les outils de travail, soit du fait d'une intelligence supérieure lui permettant de faire accepter son autorité par ses collaborateurs. Cette méthode avait le grave inconvénient de demander à chaque ouvrier des aptitudes trop variées, difficilement réunies chez un même individu.

Aujourd'hui la division du travail est poussée à l'extrême. A la tête un administrateur-délégué chargé de toute la partie financière ; puis un directeur général tenant en main tous les fils de la production et de la vente ; des ingénieurs chefs de fabrication étudiant les nouveaux procédés et veillant à leur correcte réalisation ; sous leurs ordres, des contremaîtres surveillant directement le travail à l'atelier et enfin des ouvriers exécutant le travail proprement dit.

Rien de pareil dans le personnel scientifique des usines. Le plus souvent le chimiste est en même temps chef de service et manipulateur au laboratoire, parfois même ingénieur à l'atelier ; ce doit être un homme universel. Comme il ne l'est pas toujours, on le déclare trop souvent médiocre et incapable. Cela est injuste. Il n'est pas responsable d'une organisation défectueuse. En réalité, le département scientifique d'une usine devrait comprendre quatre échelons distincts, ne pouvant être confondus que dans les très petites usines et seulement pour des considérations budgétaires. Voici la répartition essentielle du personnel en question :

1. A la tête, le chef d'industrie dans les affaires de moyenne

importance, ou dans les affaires plus importantes les ingénieurs chefs de fabrication, auxquels incombe le soin de poser les questions au laboratoire, de lui tracer son programme de travail et enfin de tirer parti des résultats expérimentaux obtenus.

2. Le chef de laboratoire, chargé du choix des méthodes à employer pour résoudre les problèmes posés, de la mise au point des installations expérimentales nouvelles, de la répartition du travail entre ses collaborateurs et du contrôle de l'exactitude des mesures. C'est le chef de service possédant au laboratoire une situation analogue à celle de l'ingénieur chef de fabrication dans l'atelier.

3. Des opérateurs, chimistes ou physiciens, exécutant les expériences, faisant les mesures d'après les programmes qui leur ont été tracés et possédant une instruction scientifique, une pratique expérimentale suffisantes pour comprendre les instructions de leur chef. Ils sont chargés des expériences qui ne se répètent pas identiques d'un jour à l'autre.

4. Enfin des manipulateurs, c'est-à-dire des manœuvres auxquels incombe la réalisation de mesures tous les jours semblables sur des échantillons analogues. Il leur suffit de pouvoir lire et comprendre les instructions très précises qui doivent leur être données.

SOMMAIRE DE LA CONFÉRENCE

Les difficultés actuelles d'organisation des laboratoires de recherches, proviennent de la formation scientifique insuffisante du personnel des deux premières catégories : Avant tout des chefs de fabrication, puis, dans une moindre mesure, des chefs de laboratoire. Pour la troisième catégorie les écoles de chimie fournissent des opérateurs suffisants comme qualité et comme quantité. De même pour la quatrième catégorie, qui se recrute sans difficulté parmi les femmes et filles d'ouvriers.

Après avoir précisé par quelques exemples les erreurs trop fréquentes commises dans l'organisation des laboratoires de recherches, je montrerai que la cause en remonte à l'insuffisance de notre enseignement scientifique et je proposerai quelques réformes indispensables.

6

PRÉJUGÉ DES INVENTIONS

Les difficultés les plus graves de beaucoup proviennent, comme nous venons de le dire, des directeurs d'usine ou chefs de fabrication, trop souvent incapables de se servir d'un laboratoire. On mettrait entre les mains d'un manœuvre les ciseaux de Phidias, on n'en ferait pas pour cela un artiste. De même un trop grand nombre de chefs d'industrie ne savent pas se servir de l'outil que l'on veut leur confier. Ils annihilent leur laboratoire en lui posant des questions insolubles ; ils décou-ragent leur personnel en manifestant leur étonnement et leur mauvaise humeur de ne pas recevoir de réponses à des questions absurdes.

Erreur des chefs d'industrie. — Dans cet ordre d'idées, l'erreur la plus fréquente est de croire que les laboratoires de recherches ont pour objet la réalisation de découvertes sen-sationnelles pouvant conduire à des brevets rémunérateurs ; on leur demande d'inventer de nouveaux procédés Bessemer, de nouveaux aciers rapides Taylor.

Le président d'un de nos grands syndicats industriels me disait un jour : « Cédant à un préjugé général, j'ai pensé devoir, en raison de l'importance de mes usines, faire les frais d'un laboratoire ; mais au bout de six ans je l'ai supprimé. Il m'avait coûté très cher, sans jamais rien me rapporter. Mon chimiste n'a pas été capable de faire une découverte brevetable ou, plutôt, il en a fait une, mais il est parti en emportant son secret. Il était parvenu à fabriquer un beau marbre artificiel avec un sous-produit sans valeur de mon industrie. Il est allé sans doute le faire breveter chez un concurrent. »

Voulant atténuer le souvenir de ces déboires, j'offris à mon interlocuteur d'examiner son marbre artificiel ; peut-être pour-rais-je retrouver le secret de sa fabrication. Le prétendu marbre était simplement du stuc, c'est-à-dire un mélange de colle et de plâtre, produit connu depuis plus d'un siècle, dans lequel n'en-trait d'ailleurs aucune partie du sous-produit censé mis en œuvre. Le chimiste, harcelé par son patron, qui voulait à tout prix des inventions, l'avait berné avec une fausse découverte, puis, mis au pied du mur et obligé d'avouer sa supercherie, il avait préféré s'éclipser sans demander son reste.

Je pourrais citer bien d'autres exemples semblables, entre autres les tentatives de fabrication de l'or ou du cuivre au dépens de métaux communs. Ce sont là, je le veux bien, des exemples exceptionnels ; ils témoignent cependant d'une mentalité très générale. Trop d'industriels demandent à leurs laboratoires des découvertes certainement moins absurdes que la transmutation des métaux, mais non moins irréalisables. Ils se plaignent ensuite de leurs chimistes après les avoir mis hors d'état de rien faire d'utile, en leur proposant des objectifs impossibles à atteindre.

Cette foi aveugle dans les découvertes sensationnelles est d'ailleurs tout à fait générale. N'avons-nous pas vu pendant la guerre le Gouvernement français créer un service des inventions, quand il eût été dix fois plus utile d'outiller les services compétents de façon à leur permettre le perfectionnement rapide de notre armement. C'est là un point assez important pour mériter une discussion approfondie. En se laissant hypnotiser par les inventions d'origine essentiellement empirique on est incapable de comprendre le rôle bienfaisant des méthodes scientifiques. C'est là un des plus grands obstacles au progrès de l'industrie, qui n'arrive pas à se dégager des préjugés des siècles passés.

Prix de revient. — Toute l'industrie moderne est née, cela est certain, de quelques grandes découvertes : machine à vapeur, dynamo, procédé Bessemer, etc. Pourquoi donc serait-il absurde d'étendre le champ de ces découvertes; le progrès comporterait-il des limites infranchissables? Aucunement, mais le prix de revient des découvertes est énorme et les mêmes résultats peuvent être obtenus à bien moindres frais par les perfectionnements continus et incessants que les méthodes scientifiques de travail permettent de réaliser à coup sûr. Si le riche propriétaire d'une grande industrie veut se payer le luxe d'un laboratoire de découverte au lieu d'employer ses bénéfices à entretenir une écurie de course ou à ponter au baccara, cela est parfaitement son droit; on ne saurait même trop l'en féliciter, à condition cependant qu'il n'ait pas le fol espoir d'en retirer aucun bénéfice.

Peu d'industriels auront ce dévouement au bien public ; la plupart considèrent leurs laboratoires comme parties intégrantes de leurs usines et leur demandent de payer comme n'importe quel atelier, c'est-à-dire de rapporter plus qu'ils ne coûtent. Cela est impossible, et la raison en est très simple. Si les grandes inventions, profitant à des milliers, à des millions d'hommes, dans tous les temps et dans tous les lieux, sont par là une source de richesse énorme pour l'humanité prise dans son ensemble, elles ne procurent par contre à leurs auteurs qu'un bénéfice infiniment petit par rapport aux dépenses totales de réalisation qu'ils ont été seuls à supporter.

Presque tous les grands inventeurs ont été ruinés par leurs découvertes. Tout le monde connaît la triste fin de Leblanc, l'inventeur de la soude artificielle, qui alla mourir à l'hôpital, abandonné de tous.

Le jardinier français Monnier, l'inventeur du ciment armé, ne fut pas plus heureux ; lui aussi dut finir ses jours à l'hôpital, dans un dénûment absolu. Et pourtant son rôle de précurseur n'avait jamais été contesté. Récemment encore on voyait dans les réclames des journaux techniques allemands la mention » Monnier Bau » pour désigner le ciment armé.

Un autre Français, Tellier, le créateur de l'industrie du froid, sans avoir autant souffert, a cependant toujours mené une existence gênée et est mort sans avoir tiré aucun profit personnel de sa découverte.

Martin, l'inventeur de la fabrication de l'acier sur sole, n'a pu mourir chez lui que grâce à une souscription ouverte vers la fin de son existence par le Comité des Forges pour désintéresser ses créanciers.

Quelques inventeurs, il est vrai, ont été plus heureux et ne semblent pas avoir eu à se plaindre du destin. Mais, quand on analyse les raisons de leur succès, on y trouve généralement des causes étrangères à leurs inventions.

Ainsi les frères Lumière n'ont retiré aucun profit de la découverte du cinématographe. Ils doivent toute leur fortune à leur industrie photographique et pharmaceutique. Ils ont d'ailleurs toujours considéré leurs laboratoires de recherches comme un luxe intelligent et agréable, et non comme une source éventuelle de bénéfices.

Sir William Siemens a gagné pas mal d'argent avec ses fours à récupération, mais il a dû en manger au moins autant avec ses inventions malheureuses : son moteur à air chaud, sa fabrication directe du fer en partant du minerai, ses essais d'obtention industrielle de l'air liquide, etc. Le plus clair de ses revenus provenait des industries qu'il menait de front avec ses recherches. Pendant de longues années, son usine de Londres a fourni le monde entier de câbles sous-marins. Plus tard, il fonda dans le pays de Galles une magnifique aciérie « Landore Siemens steel works » qui fut très prospère.

Un des rares inventeurs qui ait certainement gagné de l'argent par ses inventions, est Sir Henry Bessemer. Les licences de son procédé de fabrication de l'acier lui ont rapporté une dizaine de millions, dont il n'a guère mangé plus de la moitié dans ses inventions malheureuses : le bateau anti-mal de mer, le canon géant, le télescope géant, etc. Et cependant Bessemer a souvent côtoyé la ruine. S'il n'avait pas été doué d'une énergie indomptable et d'un bon sens peu commun il aurait subi exactement le même sort que Martin. Il a raconté dans son autobiographie les péripéties de sa carrière ; c'est un véritable roman parfois bien émouvant. Un homme trempé comme lui eût réussi partout. S'il a fait fortune, ce n'est pas parce qu'inventeur, mais quoique inventeur.

Raison des échecs des inventeurs. — Pourquoi donc les inventions ne profitent-elles pas à leurs auteurs ? Les brevets n'ont-ils pas précisément pour objet de protéger leurs droits? Il y a à cela des raisons multiples.

Avant tout, contrairement à ce que l'on suppose souvent, les découvertes en apparence les plus imprévues sont généralement l'aboutissement de la succession lente d'une infinité de petits perfectionnements.

Sir William Siemens avait eu l'idée d'employer, pour la production du froid, la détente de l'air comprimé travaillant dans un moteur. Mais aux basses températures les graisses se solidifient et calent le moteur. Sans lubréfiant le frottement dégage

10

assez de chaleur pour compenser le refroidissement dû à la
détente, et le rendement est nul. M. Claude réussit le premier
à utiliser cette méthode de production du froid en employant
comme lubréfiant l'essence minérale, dont la viscosité augmente
assez aux basses températures pour prendre la consistance d'une
bonne huile de graissage. Siemens était alors mort depuis vingt-
cinq ans et ne put profiter de sa découverte. M. Claude a profité
au contraire de la mise au point définitive, mais uniquement
parce qu'il ne s'est pas contenté de vendre des licences de son
procédé. Il a su réunir les capitaux pour monter lui-même la
nouvelle industrie, rendue viable par ses derniers perfectionnements. En général, l'inventeur qui met définitivement au point
une découverte et lui donne une existence réelle, a si peu de
chose à ajouter aux travaux de ses devanciers, que ses droits
sont facilement méconnus.

Cela a été le triste sort de Martin, dont l'intervention dans
la mise au point finale de la fabrication de l'acier sur sole n'a
pas été contestée cependant. Avant lui on n'avait jamais
fait une tonne d'acier par ce procédé et après lui on en a fait des
millions et on en fera bien plus encore dans l'avenir. Antérieurement, Le Chatelier avait pris un brevet identique au sien et
une application en avait été faite par MM. Boignes-Rambourg,
à Fourchambault. La fusion de la voûte du four arrêta les
expériences. Celles-ci avaient déjà coûté quelques centaines de
mille francs. MM. Boignes-Rambourg ne voulurent pas faire la
dépense de reconstruire leur four. Martin, plus audacieux, tenta
de nouveau l'aventure ; il eut la sagesse d'employer, sur les
conseils de Siemens, les fameuses briques de Dinas du pays de
Galles pour la construction de sa voûte ; celle-ci résista suffisamment et permit la coulée de l'acier. Ce fut une révolution
dans l'industrie du fer, mais les métallurgistes refusèrent de
payer aucune licence et eurent gain de cause devant les tribu-
naux ; le dernier perfectionnement apporté par Martin fut jugé
d'importance trop faible.

Une autre cause d'échec des inventions est le défaut de précision des brevets. La législation des divers pays présente à ce
sujet une sévérité inégale : aussi le même brevet peut-il être
reconnu valable d'un côté d'une frontière et annulé de l'autre.

11

Cela a été le cas pour les brevets Auer sur les manchons à incandescence. La composition chimique n'avait pas été exactement indiquée. Au début, l'inventeur ne s'était pas aperçu que les deux constituants essentiels étaient les oxydes de cérium et de thorium, pris dans la proportion de 1 à 100 du premier par rapport au second. Il avait mentionné le lanthane, le didyme, en réalité de simples impuretés.

De même, les brevets de Taylor sur les aciers rapides ont été annulés pour des raisons variées. Tantôt la composition des ses aciers au tungstène n'a pas été jugée suffisamment différente de celle des anciens aciers Mushett ; tantôt le traitement thermique indispensable pour leur donner toute leur valeur n'a pas été jugé brevetable, et pourtant le rendement de ces aciers est le triple de celui des meilleurs aciers employés auparavant.

Il ne suffit pas enfin d'avoir une idée nouvelle pour pouvoir immédiatement en tirer parti ; il faut encore matérialiser son invention, en faire la mise au point, de façon à bien en établir l'efficacité. Cette réalisation pratique d'idées purement théoriques, au début, exige à la fois des capitaux importants et des connaissances techniques qui font le plus souvent défaut aux inventeurs. Le jardinier Monnier eût été bien en peine de mettre sur un pied industriel son idée très simple de noyer des barres de fer dans le mortier de ciment.

On objectera, il est vrai, que des découvertes réalisées pour le compte de grandes affaires industrielles ont plus de chance d'aboutir que les inventions de particuliers isolés. Cela est vrai, mais les grandes sociétés ont par contre un grave désavantage : elles n'ont pas la foi aveugle qui conduit les inventeurs nés à risquer sans hésitation le tout pour le tout, dans l'espoir bien problématique du succès. Un employé de laboratoire, une sorte de fonctionnaire, n'aura jamais l'ardeur irréfléchie indispensable aux grandes découvertes, et ses patrons auront rarement la foi nécessaire pour risquer leurs capitaux dans l'exploitation d'une invention encore aléatoire. MM. Boignes-Rambourg ont laissé échapper la découverte de l'acier fondu sur sole pour n'avoir pas voulu risquer les sommes nécessaires à la reconstruction d'un four mal étudié. Je pourrais citer encore telle grande usine dont le chef de laboratoire avait découvert un produit nouveau

12

et fort intéressant. Il a fallu à cette usine quinze ans pour se décider à en tenter la fabrication ; le brevet était déjà dans le domaine public.

Par conséquent les chances de succès des grandes affaires industrielles, en fait d'inventions, ne sont pas supérieures à celles des particuliers, mais pour des motifs différents.

Nous n'avons parlé jusqu'ici que des inventions heureuses, de celles qui ont effectivement contribué au développement de la richesse générale, et nous avons montré que presque jamais elles n'avaient profité à leurs auteurs ; nous avons donné la raison des insuccès. Mais, pour établir le bilan des découvertes, mettre en balance leur prix de revient et les bénéfices correspondants, il ne suffit pas de parler des seules découvertes heureuses ; il faut évidemment faire entrer en ligne de compte toutes les tentatives malheureuses ; les efforts tentés ne sont pas couronnés de succès une fois sur mille. Les dépenses faites en vain figurent au prix de revient. En faisant ce compte exact, on reconnaît sans peine que les laboratoires de découvertes doivent nécessairement conduire à des désastres financiers.

Perfectionnements successifs. — Mais, si l'on doit renoncer aux découvertes par raison d'économie, comment l'industrie pourra-t-elle progresser ? La recherche scientifique systématique rend les inventions inutiles ; elle les remplace par la superposition d'une infinité de petits progrès et le fait plus rapidement, à bien meilleur compte. Les déterminations numériques de détail, comme les exige l'emploi de la méthode scientifique, semblent à première vue peu brillantes ; chacune d'elle conduit seulement à des résultats de faible importance. Mais, comme ces résultats partiels sont définitivement acquis et qu'ils s'ajoutent constamment les uns aux autres, ils entraînent finalement des conséquences dont le bénéfice croît sans limite.

Prenons l'exemple des manchons à incandescence de Auer. Supposons que depuis cinquante ans, au lieu de se contenter de tâtonnements empiriques sans nombre faits sur le platine, la magnésie, la zircone, etc., on ait commencé à étudier scientifiquement le rayonnement des corps incandescents, c'est-à-dire que l'on ait fait des mesures corrélatives de température et de pouvoir émissif des divers corps connus. La mise au point des appareils pouvait demander quelques semaines de travail mais, une fois l'organisation prête, chaque mesure demande au plus quelques minutes. En moins d'un an on eût passé en revue tous les corps connus. Cette étude eût certainement conduit à reconnaître les avantages de divers corps par rapport au platine ou à la magnésie, essayés le plus souvent dans les tentatives d'éclairage par incandescence. L'année suivante on serait passé à l'étude des mélanges de plusieurs corps et l'on eût de suite reconnu la façon très différente de se comporter des simples mélanges mécaniques et des mélanges isomorphes. Parmi ces derniers, on aurait rapidement trouvé des mélanges plus avantageux que les corps définis pris isolément, et un nouveau progrès eût été réalisé. En quelques années on serait sûrement arrivé au mélange Auer ou, peut-être, à un mélange plus avantageux encore. On eût au moins gagné 45 ans.

Mais c'est là, dira-t-on, une simple supposition. Peut-être dans la réalité les choses se seraient-elles passées autrement. Voici un exemple réel: F. Taylor s'était décidé à faire une étude scientifique des aciers à outils existant dans le commerce. Les praticiens admettaient que beaucoup de marques étaient équivalentes ; à priori cela était peu vraisemblable. Une courbe ne présente généralement qu'un seul maximum, de même pour toutes les fonctions, sauf le cas exceptionnel des sinusoïdes. Par des mesures précises on arriverait à discerner des différences échappant au simple coup d'œil des praticiens les plus avertis. Etudiant méthodiquement l'influence de la composition chimique, il reconnut d'abord la supériorité des aciers au tungstène de Mushett, puis l'avantage de forcer plus encore la teneur en tungstène; il arriva ainsi à la composition de ses fameux aciers à 18 % de tungstène. Etudiant avec la même méthode l'influence des températures de trempe, il reconnut l'avantage des trempes à températures élevées et arriva ainsi progressivement à la température optima de 1200°. Les aciers rapides ainsi obtenus constituent-ils ou ne constituent-ils pas une découverte? La question a été débattue, mais un fait certain est qu'ils ont révolutionné toute la construction mécanique. Et pourtant Taylor, en entreprenant ces recherches, ne s'était pas proposé de découvrir quoi que ce soit, mais seulement d'étudier les aciers usuels. Il avait exclusivement fait de la recherche scientifique.

Les seules découvertes échappant à cette superposition d'une infinité de petits progrès successifs, sont celles de phénomènes nouveaux, comme l'électricité galvanique, les forces électromagnétiques, l'action chimique des radiations lumineuses, la radio-activité, etc. Celles-ci sont infiniment peu nombreuses et personne ne soutiendra qu'elles rentrent dans le domaine des laboratoires d'usine. Les découvertes demandées à ces laboratoires sont seulement la combinaison de phénomènes déjà connus en vue de l'obtention de résultats nouveaux.

LABORATOIRES DE RECHERCHE

Nous sommes arrivés jusqu'ici à une conclusion purement négative ; mais il ne suffit pas de savoir ce qu'il ne faut pas faire; la seule chose intéressante est d'établir un programme d'action positif. S'il ne faut pas demander à un laboratoire des découvertes imprévues, de véritables inventions, il faut bien cependant lui demander de découvrir quelque chose. Si son rôle se réduisait à répéter des expériences déjà connues, l'utilité en serait nulle. Aucun industriel ne consentira à dépenser de l'argent pour ne rien produire. Que doit-il chercher ?

Nature de la Science. — C'est ici le moment de préciser ce que l'on doit entendre par Science, Méthode scientifique, Recherche scientifique. Il est surprenant de voir à quel point on s'abstient, dans l'enseignement prétendu scientifique, de mettre en évidence la nature de la Science, d'expliquer quelle est sa méthode et d'en faire connaître les usages pratiques. Je voudrais le faire ici en quelques mots.

L'opinion, par un accord unanime, classe certains hommes au nombre des grands savants. Pour définir la Science, il nous suffit d'examiner quelle a été leur œuvre, de rechercher pour quelles raisons leur nom a passé à la postérité. Que ce soit Archimède, Galilée, Pascal, Descartes, Newton, Lavoisier, Fresnel, Sainte-Claire Deville, ou n'importe quel autre, tous ont découvert certaines lois naturelles auxquelles leur nom est resté attaché, c'est-à-dire des relations numériques nécessaires entre la grandeur de certains phénomènes, telles la loi de la plongée des corps d'Archimède, la loi de la réfraction de Descartes, la loi de la gravitation de Newton. Les phénomènes naturels sont engrenés comme les roues d'une horloge, de telle sorte que nous ne pouvons rien changer à leur marche. Il nous est impossible de mettre en défaut la loi des sinus de Descartes ou la loi des interférences de Fresnel ; ces lois ne présentent aucune exception. Leur connaissance est le but ultime et exclusif de la Science.

Cette connaissance, d'autre part, nous est infiniment utile, parce qu'en nous montrant les dépendances des choses et nous indiquant les points de mécanisme sur lesquels nous pouvons agir elle nous permet de changer non pas la nature des phénomènes naturels, mais leur orientation, et de les utiliser ainsi au mieux de nos besoins. La connaissance des lois de la pesanteur nous permet de diriger l'eau qui descend de la montagne dans la plaine de façon à irriguer au passage nos prés ou à nous fournir de la force motrice dans les turbines. Ou bien encore, connaissant la loi des sinus de Descartes, nous en déduisons la courbure à donner à la surface du verre pour construire une loupe. De cette simple connaissance découle toute l'industrie des instruments d'optique. De même la loi d'Ampère a donné naissance à l'industrie électrique.

Dans les usines, bien entendu, nous n'avons plus à découvrir ces grandes lois de la nature, mais seulement à les utiliser. Pour cela nous devons les compléter par la découverte des lois de nombreux phénomènes particuliers plus complexes. Pour construire par exemple des objectifs, il faut à la loi des sinus ajouter la connaissance des relations qui rattachent la réfraction et la dispersion d'un verre à sa composition chimique, puis définir les conditions du recuit, c'est-à-dire la relation qui rattache le coefficient de viscosité à la température et à la composition chimique.

Application de la méthode scientifique. — Pour bien préciser la méthode de travail recommandée ici aux laboratoires d'usine, je prendrai un exemple réel, une application vécue. Au cours de la guerre, chargé par les services de l'artillerie d'une mission officieuse de contrôle de la fabrication des projectiles, j'allai un jour visiter une aciérie livrant des métaux détestables. Le chef de fabrication me donna de suite l'explication de ses insuccès.

16

Le sable servant à garnir la poche et l'entonnoir de coulée était trop friable ; désagrégé sous le choc du jet d'acier, il était entraîné dans la lingotière et finalement restait emprisonné dans le métal. On avait pris conseil auprès d'autres usines, on avait changé de fournisseurs de sables, on avait essayé des mélanges variés, rien n'y faisait. En un mois on avait ainsi gâché, à des tâtonnements empiriques, des milliers de tonnes d'acier et par suite gaspillé des centaines de mille francs. On se décida enfin à étudier la question au laboratoire.

Les connaissances techniques les plus élémentaires apprennent immédiatement que les qualités d'un sable de poche sont sous la dépendance de quatre facteurs principaux :

1. Résistance mécanique suffisante pour supporter le choc du métal.

2 Infusibilité du sable à la température de fusion de l'acier.

3. Absence de retrait de façon à éviter le décollement de l'enduit.

4. Porosité suffisante pour permettre le dégagement de l'humidité, pour le cas où l'enduit n'aurait pas été séché sur toute son épaisseur.

Les bons sables présentent, après cuisson à 1000°, une résistance à l'écrasement de 30 kil. par cm². Pour obtenir cette résistance il suffit que le sable renferme 20 % d'argile et autant de sable fin traversant le tamis n° 200. On dose facilement et rapidement cette proportion d'argile par le procédé de lévigation à l'ammoniaque de Schloesing, et le sable fin par tamisage.

Le point de fusion du sable ne doit pas être inférieur à 1600°, ce qui exige la présence d'au moins 90 % de silice. Une attaque à l'acide fluo-sulfurique donne, par évaporation à sec, les sulfates correspondant aux bases. Le poids de ces dernières est sensiblement le tiers de celui des sulfates.

Le retrait se mesure sur des éprouvettes cylindriques préparées dans un moule de diamètre connu. On le détermine avec le pied à coulisse, soit après dessication, soit après cuisson à 1000°. Il dépend principalement de la proportion d'argile et de sable fin. Le total des deux ne doit pas dépasser 50 % du poids du sable brut.

Enfin la porosité du sable dépend surtout de la grosseur de ses grains et de l'uniformité de leurs dimensions.

L'ensemble de ces essais demande environ 24 heures pour un échantillon de sable. D'après les résultats des mesures on sait si le sable convient ou quelle proportion d'argile il faut lui ajouter. En faisant entrer en ligne de compte le traitement du chimiste, les frais de réactifs et l'amortissement du matériel, on arrive, pour un semblable essai, à une dépense d'une centaine de francs, à mettre en regard des centaines de mille francs dépensés antérieurement en tâtonnements empiriques

C'est là l'exemple-type du travail courant d'un laboratoire de recherche dans une usine. Il n'y a là aucune découverte à faire, mais à préciser par des mesures la grandeur de certaines propriétés des sables, dont la nature et l'utilité étaient bien connues par avance.

Utilité des recherches de laboratoire. — L'exemple précédent montre bien l'économie considérable résultant de la substitution des mesures aux essais empiriques. Ce n'est pas là un fait exceptionnel. Il est facile de se rendre compte des économies multiples que donne l'emploi judicieux du laboratoire.

Son premier rôle, et le plus important, est, comme dans ce premier exemple, la suppression des déchets de fabrication. Si la même opération répétée deux fois donne des résultats différents, c'est nécessairement parce que quelques conditions ont été changées. En mesurant exactement les conditions déterminantes du phénomène en jeu, le laboratoire donne le moyen de reproduire à coup sûr les conditions optima et par suite de supprimer les déchets.

Pendant la guerre, les déchets à la trempe des projectiles variaient d'une usine à l'autre de 0,1 à 10 %, c'est-à-dire dans le rapport de 1 à 100. Dans les usines conduites scientifiquement, le laboratoire déterminait la bonne température de trempe, la durée de séjour du projectile dans l'eau, le débit d'eau de l'appareil de trempe, la température de revenu, etc. Grâce à l'invariabilité de ces conditions, maintenue par des mesures incessantes, les déchets tombaient à presque rien. Si ces méthodes précises ont parfois été trop longues à pénétrer dans certaines usines, la raison en est due à une erreur d'organisation du ser-

18

vice de l'armement. Pendant les premiers temps, l'on payait presque aussi cher aux fabricants les projectiles rebutés que les projectiles reçus ; cela n'encourageait pas à réduire les déchets.

Voici un autre exemple plus remarquable encore de l'emploi des mesures de laboratoire pour supprimer les déchets de fabrication. Au moment de l'arrivée de M. Charpy à l'usine de St-Jacques, à Montluçon, on fabriquait des tôles pour ponts de navires. En raison des conditions très sévères de réception, le rebut s'élevait à 50 %, mais l'on payait en conséquence les tôles reçues. Si elles avaient été toutes fabriquées dans des conditions identiques à celles des bonnes fournitures, elles eussent été toutes reçues. En précisant par des mesures les conditions de la fabrication, M. Charpy reconnut que la seule différence entre les bonnes et les mauvaises tôles portait sur le traitement thermique, abandonné au coup d'œil de l'ouvrier. Après avoir déterminé au laboratoire la température optima de recuit, et introduit à l'usine des pyromètres pour régler le traitement, il vit le déchet tomber rapidement de 50 à 2 %. On comprend sans peine les bénéfices d'une semblable opération, les prix étant déjà rémunérateurs avec un déchet de 50 %.

Un second rôle non moins important du laboratoire est d'améliorer la qualité moyenne de la fabrication, augmentant ainsi la réputation de l'usine et lui permettant d'élever ses prix de vente. Parfois même l'amélioration est tellement importante, que les nouveaux produits obtenus diffèrent complètement des anciens et leur obtention constitue presqu'une véritable découverte. En voici un exemple frappant.

Les usines du Teil fabriquaient depuis longtemps une chaux hydraulique très estimée, mais donnant, comme toutes les chaux semblables, une résistance à 7 jours d'environ 2 kilogs. En déterminant au laboratoire la variation de cette résistance mécanique en fonction de ses facteurs (température de cuisson, finesse de mouture, conditions d'extinction), on arriva rapidement à fabriquer une chaux donnant à 7 jours une résistance à l'arrachement de 10 kilogs par cm². Ce résultat avait été obtenu surtout par l'élévation et la régularisation de la température de cuisson. Ultérieurement, en homogénéisant la matière par une double cuisson, on arriva à une résistance de 20 kilogs par cm², c'est-à-dire 10 fois plus élevée que celle de la chaux primitive. On obtint ainsi un ciment supérieur à tous ceux qui avaient été fabriqués auparavant, en partant d'une matière jugée jusque là impropre à la fabrication du ciment.

Par contre, l'absence de laboratoire de recherche dans une usine est une cause d'infériorité manifeste. Nous en avons un exemple bien connu dans la fabrication de la faïence fine, produit d'une médiocreté lamentable. Après un service plus ou moins prolongé, nos assiettes de table se fissurent, les liquides colorés, comme le café, pénètrent par les fentes de l'émail dans la pâte et la noircissent. Ce défaut, cependant, pourrait être supprimé sans difficulté, à condition d'en étudier les facteurs essentiels par des mesures suffisamment précises. Ce tressaillement tient à l'inégale dilatation de la pâte et de la couverte. Celle de la couverte dépend seulement de sa composition chimique. Il n'y a pas de difficultés à la maintenir invariable. Celle de la pâte dépend avant tout de la proportion des différentes variétés allotropiques de silice entrant dans sa composition : quartz, tridymite, cristobalite et silice amorphe. Or les facteurs de transformation de la silice sont :

1° Etats originels de la silice : quartz ou calcédoine.

2° Température et durée de la cuisson.

3° Grosseur des grains de silice.

4° Nature et proportion des fondants.

La mesure précise de ces diverses grandeurs permettrait de régulariser la fabrication et de livrer des produits de qualité bien supérieure.

Un troisième objectif du laboratoire de recherche est la diminution du prix de revient. En voici un exemple très net. Dans la fabrication du fer blanc, la dépense la plus forte provient de la consommation d'étain. Elle est proportionnelle à l'épaisseur moyenne de la couche de ce métal déposée sur le fer, mais la protection dépend seulement de l'épaisseur minima, les parties les plus minces s'altérant et se rouillant les premières. En régularisant l'épaisseur de la couche d'étain et la maintenant partout égale à celle des régions où elle est le plus mince, on ne diminue pas la qualité, mais on réduit la dépense d'étain. Pour

20

étudier les conditions de régularité de cet enduit d'étain, M. Charpy a fait varier systématiquement les six facteurs dont elle dépend, c'est-à-dire température et durée de séjour des trois bains successifs que doit traverser la plaque de tôle pour être étamée : chlorure de zinc, suif et étain. Une combinaison et une seule des valeurs de ces six grandeurs doit donner le rendement optimum. En entreprenant les recherches, on avait la certitude de pouvoir gagner quelque chose sur le prix de revient, mais le résultat a dépassé les espérances ; on a pu économiser 50 % du poids de l'étain. Ce sont là de ces heureuses surprises auxquelles conduit souvent l'usage systématique des mesures exactes.

Le rôle attribué ici aux laboratoires d'usine est identique à celui que Taylor assigne à son bureau de préparation du travail, avec cette seule différence que le bureau de Taylor s'occupe principalement du facteur humain, tandis que le laboratoire étudie exclusivement les facteurs : matière et énergie. Dans les deux cas la même analyse des phénomènes en leurs parties élémentaires, la même recherche des facteurs, permettent de réaliser à coup sûr les conditions optima de fabrication. L'analyse des temps élémentaires qui séparent un mouvement d'ensemble de l'ouvrier en chacune de ses parties simples, ne diffère pas de l'analyse chimique qui sépare une matière complexe en ses éléments simples. La méthode qu'il recommande pour étudier le travail de l'ouvrier : faire varier une des conditions du problème en laissant toutes les autres rigoureusement invariables, est exactement celle que l'on applique pour déterminer l'influence de chacun des facteurs physiques et chimiques entrant en jeu dans une opération. Pour pouvoir appliquer cette méthode il faut dans les deux cas avoir commencé par reconnaître avec précision les facteurs élémentaires, c'est-à-dire ceux qui jouent le rôle de variables indépendantes dans les fonctions mathématiques. Ces facteurs simples sont en effet les seuls que l'on puisse faire varier indépendamment les uns des autres. Telles sont les dimensions des corps, leur température, leur composition chimique, les efforts mécaniques auxquels ils sont soumis, etc.

En somme, il n'y a qu'une seule méthode scientifique au monde; elle est la même, que l'on veuille l'appliquer dans un laboratoire de science pure ou dans un laboratoire d'usine, dans un laboratoire ou dans un bureau de préparation du travail. La différence n'existe qu'entre les objets auxquels on applique cette méthode; de même que la langue française est toujours la même langue, qu'on l'emploie à écrire l'histoire ou à décrire une expérience de chimie.

Difficulté de la recherche scientifique. — Peut-être n'était-il pas nécessaire, dira-t-on, d'insister aussi longtemps sur l'utilité des laboratoires de recherche dans l'industrie. Tout le monde n'est-il pas d'accord aujourd'hui pour reconnaître le rôle indispensable de la science. En théorie cela est exact, l'opinion est unanime; mais en pratique, comme nous l'avons dit au début de cette étude, il y a bien peu de laboratoires de recherche dans nos usines. Les difficultés de leur fonctionnement sont très grandes. La discussion précédente n'aura pas été inutile pour nous aider à comprendre les obstacles auxquels on se heurte.

Pour étudier le fonctionnement d'un laboratoire de recherche industrielle, reprenons l'exemple donné plus haut du sable de poche d'aciérie. Cette étude a demandé d'une part l'intervention du chef de fabrication, qui a posé les questions au laboratoire et a utilisé après cela les résultats pour le choix de son sable ou sa correction par des additions d'argile, d'autre part l'intervention du chef de laboratoire, qui a réalisé les mesures demandées et a fourni les chiffres définitifs. Dans toute étude de laboratoire nous trouverons la même division.

C'est le plus souvent la difficulté de bien poser les questions au laboratoire qui paralyse actuellement l'application des méthodes scientifiques de travail dans les usines. Peu de chefs de fabrication sont assez imbus de la méthode scientifique pour savoir rapidement disséquer une opération industrielle complexe en ses diverses parties élémentaires, puis voir les facteurs directs de chacune des parties de la fabrication et indiquer finalement au laboratoire les grandeurs à mesurer.

Voici une anecdote qui précisera la situation. Un jour, il y a de cela une vingtaine d'années, j'avais décidé un industriel occupant plusieurs milliers d'ouvriers à créer chez lui un laboratoire et je lui avais donné un très bon chimiste. Puis je ne m'en occupai plus. Trois ans plus tard le chimiste revint me trouver pour me dire qu'il avait été remercié, que l'on fermait le laboratoire. Je lui demandai ce qui s'était passé, quelles difficultés il avait eues avec ses chefs. Aucune, me dit-il, tous les mois je passais régulièrement à la caisse mais sans avoir rien à faire dans l'intervalle. Le chef de fabrication, ne sachant pas ce que pouvait être une analyse chimique, et encore moins à quoi cela pouvait servir, ne me donnait jamais de travail. Dans ces conditions, la suppression du laboratoire s'imposait ; il n'avait jamais servi à rien.

Il ne suffit pas de bien poser les questions, il faut encore avoir un laboratoire capable d'y répondre. Le chef de laboratoire doit avant tout avoir la pratique expérimentale des méthodes de mesure et savoir discuter la précision des mesures faites sous sa direction, de façon à ne donner à ses chefs que des résultats certains. Et il lui faut ces connaissances à la fois en chimie, en physique et en mécanique, parce que les corps réels mis en œuvre dans l'industrie ignorent la séparation artificielle des sciences pures, dans lesquelles on fait abstraction de toutes les faces d'un phénomène, sauf de celle qui a été prise comme sujet d'étude. Il est difficile actuellement de trouver des chefs de laboratoire à hauteur de leur tâche, mais leur insuffisance n'est qu'une cause secondaire de l'insuccès des laboratoires industriels. Si les questions sont mal posées par le chef de fabrication, le laboratoire ne peut rien produire ; si, au contraire, c'est son personnel qui manque d'habileté expérimentale le laboratoire n'en produira pas moins un certain travail, qui sera seulement moins bon et coûtera plus cher, mais ne sera pas pour cela complètement annulé.

RÉFORME DE L'ENSEIGNEMENT SCIENTIFIQUE

En résumé, toute la question du développement des laboratoires de recherche, dans l'industrie, se réduit à une meilleure formation scientifique des ingénieurs chefs de fabrication et des chimistes chefs de laboratoire, c'est-à-dire au perfectionnement de notre enseignement scientifique. Voyons, pour terminer, à formuler quelques desiderata au sujet de cet enseignement. Nous étudierons séparément la question des chefs de fabrication et celle des chefs de laboratoire.

Connaissances nécessaires à un chef de fabrication. — Pour faire utilement fonctionner un laboratoire de recherches, l'ingénieur qui aura à le mettre en œuvre doit posséder certaines notions générales. Il doit :

1° Connaître à fond la technique des opérations qu'il s'agit de perfectionner.

2° Croire à la Science, admettre le déterminisme, puis connaître la méthode scientifique, en avoir la pratique.

3° Posséder les principaux résultats acquis de la Science, les lois fondamentales de la mécanique, de la chimie, de la chaleur, de l'électricité, dont l'intervention est incessante dans toutes les opérations industrielles.

4° Enfin, avoir la pratique, au moins sommaire, des méthodes expérimentales de mesure, pour ne pas être tenté de poser à son laboratoire des problèmes insolubles et pour savoir ensuite interpréter les résultats obtenus.

Sur le premier point, celui des connaissances techniques, nos ingénieurs n'ont rien à apprendre ; ils sont à hauteur de leur tâche. Après quelques mois de séjour dans une usine on connaît à fond, pourvu que l'on ait l'esprit un peu ouvert, tous les détails intéressants des techniques dont on a la direction.

Sur le troisième et le quatrième points tous les élèves de nos grandes écoles et les meilleurs élèves des Facultés des Sciences ont des lumières suffisantes, supérieures à celles des ingénieurs étrangers, dont la formation plus spécialisée est habituellement limitée à un seul compartiment de la Science : mécanique, chimie ou électricité.

Sur le second point, au contraire, celui de la croyance à la Science et de la possession de la méthode scientifique, leur insuffisance est en général extraordinaire. Les ingénieurs ne croient pas à la Science. A la sortie des Ecoles, leur grande préoccupation est d'oublier les théories dont on leur a bourré le crâne, disent-ils, en vue des examens ; tout leur désir est de se mettre à la pratique, autrement dit à l'empirisme. Ils recommencent leur éducation en prenant comme professeurs leurs contremaîtres et même leurs ouvriers. L'enseignement reçu dans les lycées et dans les écoles techniques leur a donné le

24

mépris de la Science. Cet état d'esprit n'est pas particulier d'ailleurs aux ingénieurs ; des savants éminents professent le même mépris de la Science ou, plus exactement, limitent son domaine à celui de la Science abstraite, de celle où l'on n'envisage à la fois qu'un seul aspect de chaque phénomène. Ils nient l'efficacité de la méthode scientifique pour l'étude des phénomènes réels, d'une complexité trop grande ; ils réservent ce domaine à l'empirisme. Que de fois ai-je entendu dire que les problèmes agricoles échappent à toute précision scientifique. Et, cependant, dans la végétation des plantes on serait bien embarrassé de citer une loi de la nature qui ne joue pas d'une façon absolument rigoureuse. Les engrenages sont multiples, plus ou moins difficiles à étudier, mais ils n'en existent pas moins et fonctionnent avec la même régularité que ceux d'une machine quelconque de notre fabrication.

Enseignement de la méthode scientifique. — Mais il ne suffit encore de croire platoniquement à la Science, d'admettre en principe le déterminisme pour le laisser ensuite à l'écart au moment de l'action. On proclame volontiers l'existence des lois nécessaires, mais l'instant d'après on les déclare impossibles à découvrir. Les opérations industrielles sont tellement compliquées, dit-on, que la vie d'un homme ne suffirait pas à en débrouiller le moindre écheveau, et sur cette bonne pensée on se dispense de tout effort.

Ce scepticisme tient à l'ignorance de la méthode scientifique et à la méconnaissance de sa puissance d'action.

Jamais, par exemple, on ne vous a montré, dans l'enseignement des lycées, ni dans celui des écoles techniques, la fertilité du principe Cartésien de la division de chaque problème en ses parties élémentaires. Cette simple division suffit déjà pour multiplier à l'infini notre puissance de connaître par ce que les mêmes parties élémentaires se retrouvent dans une infinité de phénomènes différents. Toutes les plantes empruntent de la même façon l'eau au sol par leurs racines, toutes puisent l'acide carbonique dans l'air au moyen de leurs feuilles, etc.

Le second stade de la méthode scientifique, non moins inconnu dans notre enseignement, est la recherche des facteurs, des causes dont dépend chacune des parties élémentaires préalablement séparées. Dans l'absorption de l'acide carbonique par les feuilles, les facteurs principaux sont l'intensité de la radiation solaire, la température ambiante et la vitesse de circulation de l'air à la surface des feuilles sous l'action du vent.

La découverte des nouveaux facteurs, dont on ne soupçonne pas encore l'intervention, est le point le plus délicat de la mise en pratique de la méthode scientifique. On a été, par exemple, longtemps à découvrir, dans la végétation des lichens, le rôle de l'accouplement d'une algue à chlorophylle avec un champignon parasite se nourrissant au dépens de sa voisine. Les règles essentielles de la recherche scientifique des facteurs ont été traitées en grands détails par Claude Bernard dans son *Introduction à l'étude de la méthode expérimentale*.

Une fois la nature de ces facteurs reconnue, le laboratoire peut immédiatement procéder à leur étude quantitative. Aujourd'hui, l'immense majorité des facteurs entrant en jeu dans l'industrie a été suffisamment débrouillée, la partie la plus difficile de l'application de la méthode scientifique est à peu près achevée ; la tâche est ainsi bien simplifiée.

Le troisième stade de la méthode scientifique consiste, suivant la recommandation de Taine, à classer les facteurs par ordre d'importance, à mettre au premier rang les facteurs dominateurs. Ce classement est de première importance. Trop souvent, faute de s'en préoccuper, on recule épouvanté devant la complexité apparente des problèmes de la nature. Pour la végétation des plantes on a reconnu la nécessité de plus de vingt éléments chimiques différents. Comment mettre leur rôle en évidence sur toutes les plantes intéressantes à cultiver ; c'est un problème inabordable. En y regardant de plus près, on voit que le carbone est, de ces éléments, le plus important, l'eau laissée à part en raison de son abondance dans le sol. Puis l'azote occupe au second rang une place encore très intéressante. Enfin, au troisième rang, le phosphore et la potasse. Soit, en tout, quatre éléments à prendre en sérieuse considération. Quant aux seize autres, on remettra leur étude aux jours où l'on aura du temps à perdre. Peut-être sont-ils nécessaires, mais à de si petites doses, que tous les sols en renferment la quantité nécessaire.

26

Défectuosités de l'enseignement scientifique. — Ces notions générales, cette mentalité scientifique, indispensables au chef d'industrie qui veut faire travailler son laboratoire, ne sont aucunement développées par notre enseignement. Les sciences pures, c'est-à-dire les sciences abstraites, ne préparent nullement à l'étude de la nature ; elles tendent à fausser le jugement en habituant l'esprit à ne jamais envisager qu'une seule face des choses, et souvent pas la plus importante. De plus, contrairement à ce que l'on aurait pu supposer, l'introduction dans l'enseignement d'applications pratiques a encore exagéré cette tendance fâcheuse. Au lieu de profiter de quelques exemples judicieusement choisis pour donner une idée exacte des applications de la méthode scientifique, on se contente, dans les cours, de la description purement empirique de quelques machines jugées, à tort ou à raison, utiles à connaître : locomotives, machines à air liquide, téléphone. En jetant ainsi un voile discret sur les relations de la science avec la technique, on ancre dans l'esprit des jeunes gens ce préjugé que les phénomènes réels échappent au domaine de la Science.

Ce défaut est plus développé encore dans notre enseignement supérieur, où les descriptions technologiques occupent une place abusive. On consacre de longues heures à l'étude de petits détails que l'on apprend plus facilement en quelques minutes de séjour à l'usine. Les causes premières des dispositions adoptées, seules pourtant intéressantes à connaître, sont passées sous silence. On se refuse encore à admettre que tout l'enseignement technique supérieur devrait être limité à l'exposé de la Science industrielle.

Ces lacunes de notre enseignement scientifique expliquent l'importance donnée à la culture générale en vue du recrutement des chefs d'industrie. On y préfère souvent des avocats et des notaires, dépourvus de toute éducation scientifique, à de véritables ingénieurs. C'est que l'enseignement littéraire donne une meilleure formation scientifique que l'étude de la chimie ou de la physique, telles du moins que ces sciences sont comprises aujourd'hui. L'histoire, la littérature, la géographie, habituent l'esprit à diviser chaque problème en ses parties élémentaires et à rechercher constamment l'enchaînement des faits particuliers. Dans l'histoire d'un grand pays, on commence par

séparer sa vie politique, sa vie sociale, ses relations internatio-
nales, le développement de son commerce et de son agriculture,
ses guerres, et puis on examine comment chacun de ces aspects
de la vie nationale reste sous la dépendance de ses facteurs
essentiels : conditions géographiques, traditions historiques,
relations de familles des princes, richesse de la bourgeoisie,
désœuvrement de l'aristocratie, souffrances de la classe ouvrière,
etc., etc. Cela est véritablement de la Science, et la méthode
employée ne diffère pas de celle dont on aura à faire usage dans
les usines.

Les mêmes méthodes pourraient être employées dans l'enseignement scientifique. Il n'est pas question bien entendu de supprimer la Science pure. La division des phénomènes complexes
de la nature en leurs parties élémentaires et l'étude successive
des parties ainsi isolées sont bien conformes à la méthode scientifique. L'erreur est de dissimuler ce mécanisme aux yeux des
étudiants, de leur présenter chaque science abstraite comme
une réalité absolue, tandis que sa distinction n'est que le résultat
du travail de notre esprit. Pour leur faire comprendre l'enche-
vêtrement réel de tous les phénomènes il suffirait d'étudier en
détail quelques exemples pratiques pas trop compliqués non
pas la locomotive ou les sous-marins, dont l'étude scientifique
demanderait une année, mais certains des appareils de mesure
employés dans les expériences de physique ou de chimie.

A propos du pendule, par exemple, on classera méthodiquement, avec chiffres à l'appui, pour donner une idée des ordres
de grandeur, les différents facteurs dont dépend la durée d'oscilla-
tion : longueur du pendule et influence de la température ;
résistance de l'air ; aplatissement de l'arête du couteau ; flexion
latérale des supports ; influence de la force centrifuge et de
l'aplatissement de la terre aux différentes latitudes ; influence
de la nature du sol sous-jacent, etc.

On formerait ainsi pour l'industrie des ingénieurs possédant
non seulement les notions acquises de la Science, mais encore
la méthode nécessaire à leur découverte, condition bien plus
importante pour la mise en œuvre d'un laboratoire.

28

Connaissances nécessaires à un chef de laboratoire. — Examinons maintenant les conditions nécessaires à la formation d'un bon chef de laboratoire.

1° Connaissance approfondie des diverses sciences expérimentales : mécanique, physique et chimie, comprenant la possession des lois générales, des théories et d'un grand nombre de données numériques ; ou, à défaut, l'habitude des recherches bibliographiques pour être en état de retrouver ces données indispensables dans bien des recherches.

2° Possession très complète des méthodes expérimentales de mesure, de la construction et de l'emploi des appareils servant à ces mesures, de façon à pouvoir dans chaque cas particulier combiner et mettre en œuvre la méthode de travail la mieux adaptée au but poursuivi.

3° Esprit critique, permettant la découverte rapide des erreurs commises par les opérateurs placés sous les ordres du chef de service ; esprit méthodique pour être à même de bien organiser le travail de ses subordonnés ; esprit de précision, indispensable pour la rédaction des fiches de travail qui doivent être remises aux simples manipulateurs.

La première condition est suffisamment remplie par l'enseignement actuel des lycées et des écoles techniques supérieures et même des Universités ; il suffit d'exiger des chimistes de suivre complètement cet enseignement. Il n'en est malheureusement pas ainsi aujourd'hui. On admet trop facilement que pour être chimiste la culture scientifique générale est inutile. La lacune sur ce point ne provient donc pas de l'enseignement, mais de la négligence des intéressés à suivre les études nécessaires.

Pour les deux dernières conditions il n'existe rien de satisfaisant à l'heure actuelle, dans notre enseignement. L'organisation des laboratoires des écoles techniques supérieures suffit parfaitement pour un futur chef de fabrication, qui n'aura jamais à travailler au laboratoire, mais seulement à poser des questions au dit laboratoire. Cet enseignement est, au contraire, tout à fait insuffisant pour un chef de laboratoire. Il ne lui suffit pas, pour posséder la méthode expérimentale, d'avoir fait une demi-douzaine d'analyses chimiques et autant de mesures électriques sur un programme complètement préparé d'avance ;

il faut avoir vécu de longues heures au laboratoire en y ayant la latitude de combiner à volonté de nouvelles méthodes de mesures et de se rendre compte ainsi des difficultés inévitables chaque fois que l'on essaie une combinaison différente.

Les laboratoires des instituts techniques des Universités ne répondent pas davantage aux conditions nécessaires. Les élèves de ces instituts n'ont pas des connaissances scientifiques générales suffisantes et surtout le travail du laboratoire y est trop spécialisé. Un chimiste, qui n'est rien que chimiste, ne peut pas rendre la plupart des services qui lui sont demandés dans l'industrie.

Il manque en France une école supérieure de mécanique, physique et chimie expérimentales, organisée sur le plan de l'école supérieure d'électricité, ouverte comme elle aux meilleurs élèves des grandes écoles et des Universités et leur permettant de se perfectionner dans la pratique expérimentale. Une semblable école devrait exiger un minimum de travail au laboratoire de quatre heures par jour, avec au plus un cours oral. Ces cours porteraient sur la chimie analytique, les mesures électriques et les essais mécaniques, avec quelques cours de science industrielle. Ils dureraient trois ans.

CONCLUSIONS

En résumé, le développement des méthodes scientifiques dans l'industrie est subordonné au perfectionnement de notre enseignement scientifique. Ces perfectionnements devraient porter sur trois points principaux :

Orientation plus philosophique de l'enseignement des sciences pures, tant dans les lycées que dans les Universités et grandes écoles.

Développement de l'enseignement des sciences industrielles dans nos grandes écoles.

Enfin, création d'un laboratoire d'étude des méthodes expérimentales, embrassant à la fois la mécanique, la physique et la chimie, destiné aux seuls étudiants ayant déjà reçu une forte préparation scientifique dans les grandes écoles, les Universités et peut-être dans les classes de mathématiques de lycées.